少年读中国科技

进击深空的
中国航天

徐 蒙◎著　金 星　哐当哐当工作室◎绘

U0296502

北京科学技术出版社
100 层 童 书 馆

图书在版编目（CIP）数据

进击深空的中国航天 / 徐蒙著；金星，咣当咣当工作室绘 . —— 北京：北京科学技术出版社，2024.

ISBN 978-7-5714-4155-5

Ⅰ . V4-49

中国国家版本馆 CIP 数据核字第 2024EG6673 号

策划编辑：刘婧文　李尧涵
责任编辑：刘婧文
封面设计：沈学成
图文制作：天露霖文化
责任印刷：李　茗
出 版 人：曾庆宇
出版发行：北京科学技术出版社
社　　址：北京西直门南大街 16 号
邮政编码：100035
电　　话：0086-10-66135495（总编室）
　　　　　0086-10-66113227（发行部）
网　　址：www.bkydw.cn
印　　刷：雅迪云印（天津）科技有限公司
开　　本：889 mm × 1194 mm　1/32
字　　数：32 千字
印　　张：2.5
版　　次：2024 年 11 月第 1 版
印　　次：2024 年 11 月第 1 次印刷
ISBN 978-7-5714-4155-5

定　　价：32.00 元

探访天宫空间站

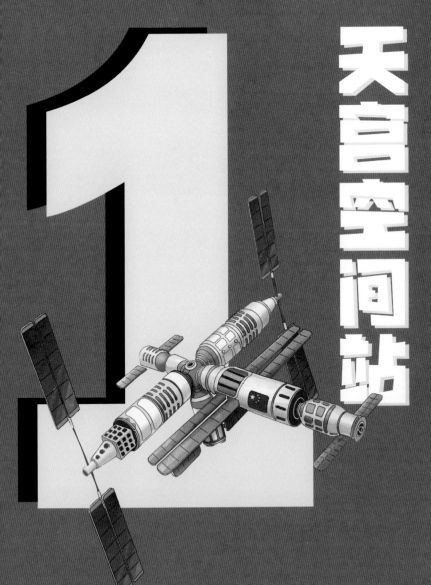

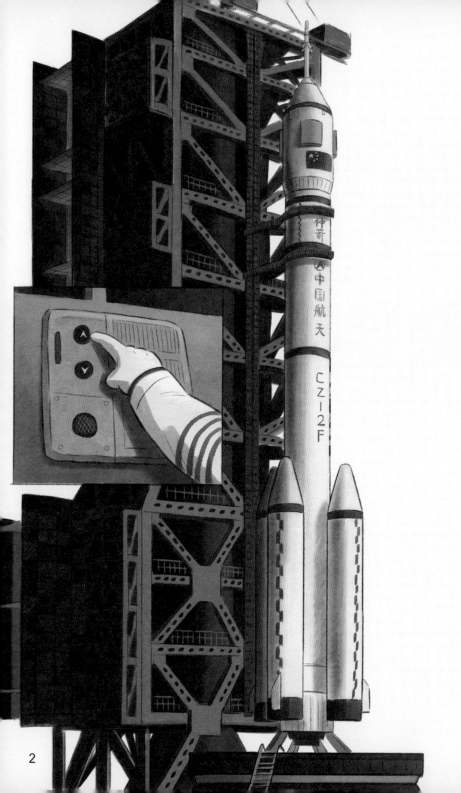

大家好呀！我是一名航天员，在突破重重考验后，终于坐上了神舟飞船。今天，我要乘着飞船进入梦想中广袤的太空啦！

飞船在静谧的太空中缓缓和一个"大家伙"对接上，那就是我未来 3 个月将要工作生活的地方——天宫空间站。

怀着紧张而又好奇的心情，我轻轻推开了眼前这扇门……

你们想知道天宫空间站有哪些组成部分吗？如果说天宫空间站是一位温柔的妈妈，那么，天和核心舱、问天实验舱、梦天实验舱、天舟二号货运飞船等就是她心爱的孩子。天宫空间站呈"T"字形，三个舱段分别是天和核心舱、问天实验舱和梦天实验舱。另外，她还有三个对接口，来实现和天舟货运飞船、神舟载人飞船，以及未来巡天号光学舱的对接。

神舟载人飞船

梦天实验舱

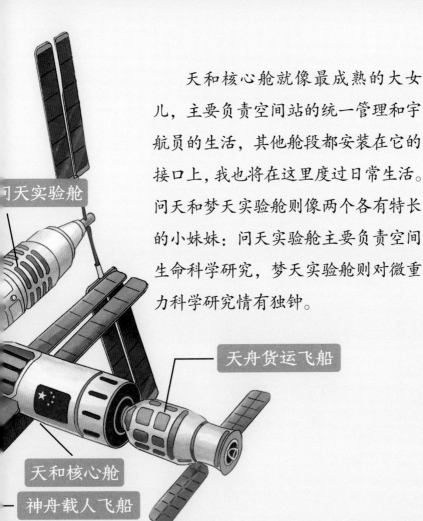

天和核心舱就像最成熟的大女儿，主要负责空间站的统一管理和宇航员的生活，其他舱段都安装在它的接口上，我也将在这里度过日常生活。问天和梦天实验舱则像两个各有特长的小妹妹：问天实验舱主要负责空间生命科学研究，梦天实验舱则对微重力科学研究情有独钟。

问天实验舱

天舟货运飞船

天和核心舱

神舟载人飞船

你一定还注意到了天宫空间站长长的"翅膀"，那是空间站的能量来源——柔性太阳电池翼。柔性太阳电池翼能将光能转化成电能，而且发电效率很高，一天的发电量够一个普通家庭用一个半月！

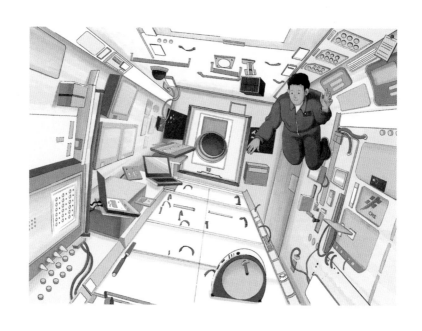

　　进入空间站的天和核心舱，首先映入眼帘的是鲜红的国旗和蔚蓝的"中国载人航天"标志，它们在太空看起来格外亲切。说实话，经过6个多小时的飞行，我确实有些累了，这会儿真想赶紧进入梦乡。不过啊，还得坚持一下，先适应一下环境，然后把今天的活儿干完。快跟着我来看看吧。

　　"哎呀！"

听到我的一声惊呼，大家还以为发生什么大事了，纷纷来询问。

"没事没事，就是差点儿撞到舱顶了。"

我不好意思地挠了挠头。看来在这个宽敞的新环境里，我确实需要适应一番。

幸好我有善解人意的队友们：一位队友去检查舱内设备了，另一位队友来帮助我适应失重感。慢慢适应之后，我便开始在舱内小心翼翼地活动。多亏在地球上经历了各种训练，不一会儿，我就觉得自己像一条鱼儿，可以自由地四处"游走"了。这样我就可以正式加入干活小队啦。

我们的任务可不简单。中国空间站是中国航天史上规模最大且长期有人维护的空间实验平台，已经成为**国家太空实验室**。

中国人为什么要在太空中建一座自己的实验室呢？随着航天事业发展，人类如果想在太空中继续生活、探索，就会面临着很多新问题。比如，宇宙空间对人的身心有什么影响？航天器的部件如果损坏怎么办？这些都需要进行实地研究。

我们处于离地球 400 千米外的近地轨道上，能够获得稳定的微重力和辐射环境，可以开展地球上进行不了的一系列研究，还可以观察宇宙中的多种射线，发现深藏其中的科学规律！就拿和生活息息相关的水稻来说吧，在地球上，这种作物养活了近一半的人口，可以说到处都是。可是，在太空中进行水稻的全生命周期培养实验要困难得多，我们中国人取得了成功，这在人类历史上尚属首次！

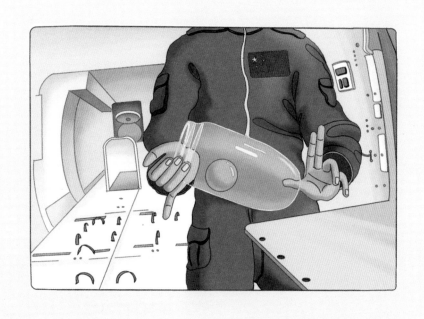

　　利用独特的太空环境，我们已经取得了许多成绩。比如，太空实验制备的硒化铟半导体材料有耐高温、便携、柔韧的特点；搭载的空间冷原子钟是国际上首台在轨运行的冷原子钟；完成在轨验证的斯特林热电转换技术能高效地产生能源，为将来的深空探索助力；空间站装载的伽马暴偏振探测仪让我成功观测到了太阳 X 射线暴……

　　除了这些高科技研究，我们还开启了"天宫课堂"，把有趣的太空知识带给全国青少年。2021 年，"天宫课堂"第一课开讲，我的好战友王亚平把乒乓球放到水面上测试浮力，用泡腾片制造气泡球……一想到我们的科学课堂能激发青少年对科学的兴趣，我就觉得无比骄傲和兴奋！

在这里，我们还有一个好帮手，那就是空间站机械臂。它有多个肩部、肘部、腕部关节，可以模拟我们的手臂，灵活转动，最多能举起25吨重的物品，是名副其实的大力士！出舱任务中，它能把我运送到作业点；货物送来的时候，它能帮忙高效地搬运；还有日常维修、捕获悬停的航天器、监测舱外状态……总有这位机械好伙伴来助我们"一臂之力"！

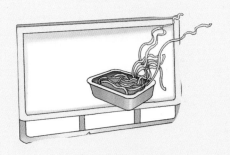

　　"咕噜咕噜咕噜……"工作果然很消耗能量，午饭时间刚到，我的肚子就提醒我该吃饭了。

　　猜猜我的午餐是什么？看这形状，像不像压缩饼干？不不不，你仔细看，这是虾仁鸡蛋、一份肉丝炒面和一份粳米粥，是不是感觉跟在地球上吃的差不多？没错，这些好吃的饭菜都是在地球上提前做好的，在装进密封袋后随飞船进入太空，吃之前加热一下就可以了。而且我完全不需要担心太空中的食物不合胃口，因为这里饭菜种类很多，可以根据自己的口味来选择。

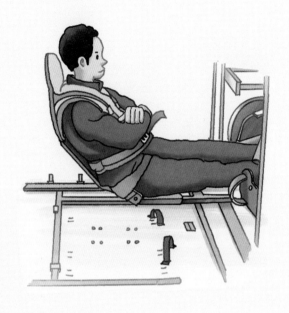

　　除了摄取丰富的营养，我们还要注意锻炼身体。

　　我们每天在失重状态下飘来飘去，虽然看上去很好玩，但实际上这会让人出现头晕、恶心等症状，甚至还会出现骨质疏松、肌肉萎缩、心血管功能失调、内分泌功能紊乱等健康问题。

　　天宫空间站内有专门的锻炼区，配置了太空跑台、太空自行车和微重力抗阻装置等运动器材。

　　我今天的锻炼项目是蹬太空自行车。在失重环境下，蹬自行车有点儿像躺着蹬腿，很不容易使上劲儿，我运动了半个小时，感觉挺累的。

　　除了运动以外，为了保证身体健康，我们还要时不时进行体检。现在，我们的天和核心舱里已经有了"医务室"——医监医保区。我们能够在这里对自己的心率、血压等进行常规检查，并对各器官功能进行监测。

　　我们用的医疗设备个头都很小，但是集多项功能于一身。比如小小的12导联动态心电监测仪，能够采集静态、运动状态、急救状态及24小时动态模式的12导联心电信号。我们甚至还有能够完成"望、闻、问、切"的中医四诊仪！

如果是在地球上，运动之后我肯定要洗个热水澡，但现在要在"天上"洗澡可不容易。为了避免水滴乱飞，我们一般用湿毛巾擦拭身体，保持个人卫生。

　　至于洗头，我们还有一个"神器"——免冲洗头罩。洗头时先用一个装上洗发液的头罩，罩住脑袋进行揉搓；之后换一个装了水的头罩，再继续揉搓；最后再取一个干的头罩套在头上，再揉搓，洗头就完成了！

　　简单擦洗过后，我又去挑选了自己喜欢的晚餐，然后就进入了最放松的、短暂的休闲时光。现在，我要先写太空日记，把今天发生的事情和奇妙的体验都记录下来。虽然刚刚进入空间站，可我仿佛已经很长时间没有见到家人了，于是我赶紧趁着休闲时间和家人通了视频电话。女儿问我太空冷不冷，我告诉她，天宫空间站是恒温的，不冷也不热，非常舒适。

接下来是例行检查电子邮件的时间。果然有一封新邮件，来自地球上的一位小学生。她对我在太空中的生活充满了好奇，问我在太空中看到的地球是什么样的，还想知道我是怎么睡觉的。为了满足她的好奇心，我在舷窗边拍下日落时的美丽地球发给她。我在太空中一天可以看到16**次日出和日落**，是不是很有意思？

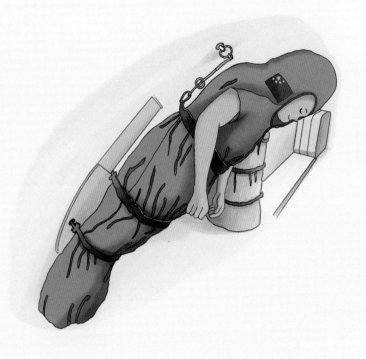

　　虽然在太空中，我们一天经历16次昼夜轮替，但为了方便和地面人员共同开展工作，我们要严格遵守"天地同步"的作息。现在，我也要按照北京时间去睡觉啦！

　　空间站的睡眠区分布在天和核心舱和问天实验舱里，每个人都有自己的一个小房间。

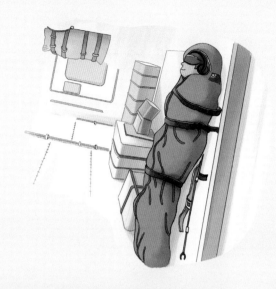

　　太空中没有重力，我们需要钻进睡袋中睡觉。天和核心舱的睡眠区为横向设置，我可以"躺着"睡。问天实验舱的睡眠区为纵向设置，在那里的同伴则是"站着"睡。如果按照地球上的方向来看，这个姿势可能有些奇怪，但是别担心，在失重环境下，站着睡和躺着睡，在感觉上是没有区别的。

新的一天，我和同伴们有一项重要的工作——**出舱活动**。我的任务是将一个科学实验装置安装在梦天实验舱外。上午，我检查了放在问天实验舱内的"飞天"舱外航天服。午饭后便要准备开始出舱工作了：首先，我组装并穿好舱外航天服；其次，要用压力机等设备仔细检查舱外航天服的气密性，确保接缝和阀门连接良好；接着是吸氧和排氮，让同事将气闸舱减压；最后便是打开舱门，出舱！

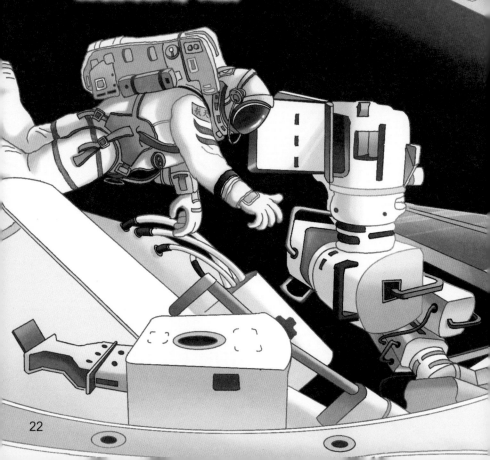

别看这宇航服又厚又重，其中可有许多厉害的功能。比如，它的外部就像一层防弹衣，可以抵御小陨石的撞击；它的生命支持系统可以调节温度、提供氧气和饮用水等，让我维持正常的生命活动；此外，这套宇航服还有通信导航、防辐射等功能……

　　来到舱外，我一下子感觉到了宇宙之中无尽的空旷，**而地球简直漂亮得无可比拟**。周围一片寂静，除了地面和舱内同伴的声音，我只能听到自己急促的呼吸声。等再次回到舱内，我已经大汗淋漓，连内衣都湿透了。真是一次非常难忘的经历呀。

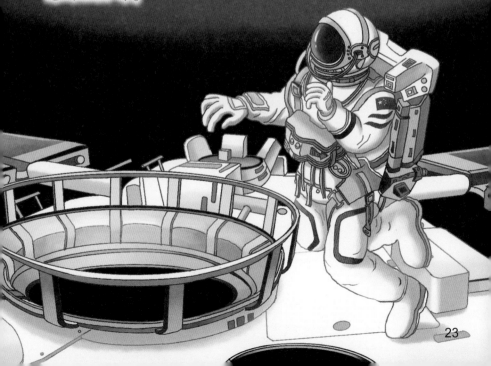

充实而平淡的日子一天天流逝着。

我们不仅在空间站内进行了各种各样的实验，完成了设备的安装和更替，还监控**太空快递员**——天舟货运飞船与天宫空间站顺利实现了空间交会对接，这可不是一件容易的事，因为两个航天器在交会对接时都处于高速运转的状态，稍有不慎就会相撞或者"失之千里"。成功对接后，我们收到了天舟货运飞船送来的年货，包括实验设备、日用品、饮用水和各种食物补给。

很快，三个月的时间就要过去了，我迎来了回程的时刻。我收拾着要带回地球的实验样品和物品，与新来的伙伴进行工作交接，以便他们能够顺利在空间站中生活与工作。

就要告别天宫空间站返回地球了。回忆这三个月的生活，我心里真是舍不得呢。

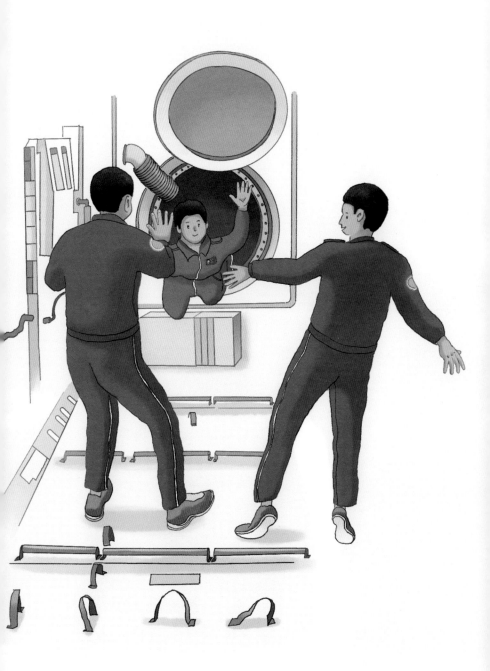

神舟飞船启动，与天宫空间站分离，按照预定程序飞向地球的方向。经过几天几夜，我终于安全着陆了。

　　手电筒的光从舷窗模糊地透进来，我和外面的战友一起用力，把舱门打开。光线照射进来。透过久违的阳光，我看到战友们亲切的脸，还有向我打招呼的手。大家都激动而喜悦，欢迎我成功归来。在更远处，广阔的绿色大地延伸向天边。这些真切的场景瞬间令我热泪盈眶。

　　天哪，这熟悉而又不真实的踩地感，我甚至怀疑自己是不是真的已经回到地球上了。这一趟神奇的旅程，我将终生铭记。

　　我已经见证了天宫空间站的精彩生活。在太空中更远的地方，还有更多地方值得我去探索，比如神秘的月球背面、红色的火星……你看，我的探测器朋友**玉兔**二号已经迫不及待地要讲述自己的故事了！

激动人心的登月之旅

大家好！我叫玉兔二号，是一辆有6个轮子的月球车。我和着陆器、中继星共同组成了嫦娥四号探测器。

说起我的名字，可真是大有来头。"玉兔二号"这个名字是经过专家评审和网络投票选出来的，与嫦娥三号的巡视器玉兔号、嫦娥四号中继星"鹊桥"号一脉相承。玉兔善良、纯洁、敏捷的形象与我既形似又神似，代表了我国和平利用太空的立场。

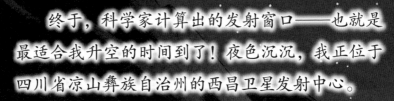

终于，科学家计算出的发射窗口——也就是最适合我升空的时间到了！夜色沉沉，我正位于四川省凉山彝族自治州的西昌卫星发射中心。

我和我的好朋友着陆器即将从这里出发。一同奔赴远在38万千米以外的月球。

我们要乘坐的"交通工具"是大名鼎鼎的长征三号乙运载火箭。它直径3.35米，全长56.3米，能把5吨多重的卫星

送到地球同步转移轨道。对它来说，把加起来近4吨重的我和着陆器送往月球，刚刚好。

现在，我和着陆器就藏在火箭的整流罩中。马上就要发射了，我有点儿紧张！想起千年来中国人对探月梦想的不断追寻，想起科学家和工程师为制造我而不辞辛劳，荣誉感和使命感涌上了我的心头。

很快，随着"**点火升空**"的指令**下达，我要去月球啦！**

你们看！这是月球的正面，之前许多探测器都在这儿着陆。但是，**这次我要去的是月球的背面，从来没有探测器在这儿成功着陆过**！这可真是一件具有挑战性的任务。

　　任务还没开始，我就遇到了一个难题。由于月球始终都是正面朝向地球，所以即将去往月球背面的我和着陆器无法直接与地球传递信息。

　　正好考考你们，知道为什么月球始终都是正面朝向地球吗？那是因为"潮汐锁定"现象。月球的自转周期和公转周期相同，所以地球上的我们始终只能看到月球的正面，看不到月球背面。

　　但是别担心！科学家和工程师们早已有了对策。为了确保我在月球背面可以顺利开展工作，我的另一位好朋友——一颗叫作"鹊桥"的中继星，已经提前半年奔赴太空，它可是地球和我之间的通信桥梁。它的外貌如图所示，由直径 4.2 米的伞状抛物面天线和低频射电探测仪天线组成，是不是很酷？

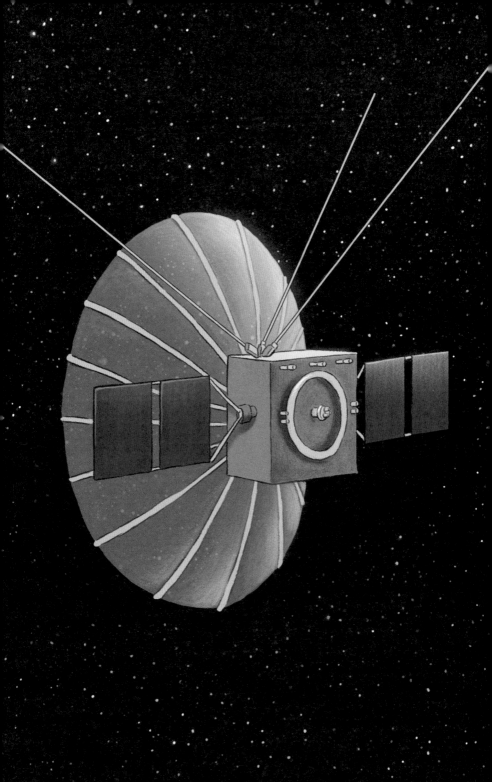

为了确保我不迷路，远望3号和远望7号测量船也前来帮忙。在发射初期，这两艘可以灵活移动的**海上测量船**将协助**测控站**跟踪火箭，接力完成护送我的重任。

测控站也是我非常重要的朋友。不管是在火箭发射阶段，还是在我和着陆器飞往月球的途中，都需要多个测控站持续跟踪我的位置和速度，确保我的安全，并及时发送指令，指导我进行变轨

操作——这些测控站组成了我国的深空测控网。不过，我在抵达目的地之后就联系不上这些测控站了，那时就需要"鹊桥"中继星来帮助我向测控站传递信息。

被火箭送入太空后，剩下的路就只能靠我和着陆器了。我们先进入了一条近地点高度约 200 千米、远地点高度约 42 万千米的椭圆形轨道。这是一条从地球飞向月球的过渡轨道，称为"地月转移轨道"。在这条轨道上，着陆器带着我整整飞行了 4 天才来到月球附近。月球就在前方，我已经看到啦！

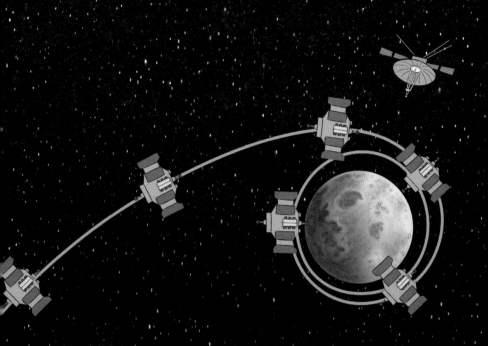

　　通常，探测器会在这 4 ～ 5 天内进行 2 ～ 3 次中途轨道修正，但我们入轨准确，原本计划的 3 次轨道修正只执行了 1 次！这样一来，就节省了很多时间与精力。随着着陆器稳稳地踩了一脚"刹车"，也就是近月制动，我们顺利进入距离月表约 100 千米的环月轨道。不过，我们打算降落的地方正值夜晚，此时降落很危险。因此，我们必须耐心等待半个多月，才能再次降低轨道，准备软着陆，和等候多时的"鹊桥"中继卫星碰面。

　　在环绕月球 22 天后，我们终于等来了在月球着陆的合适时机。着陆器开始带着我一起慢慢下降。做好着陆准备后，我们快速调整姿态，然

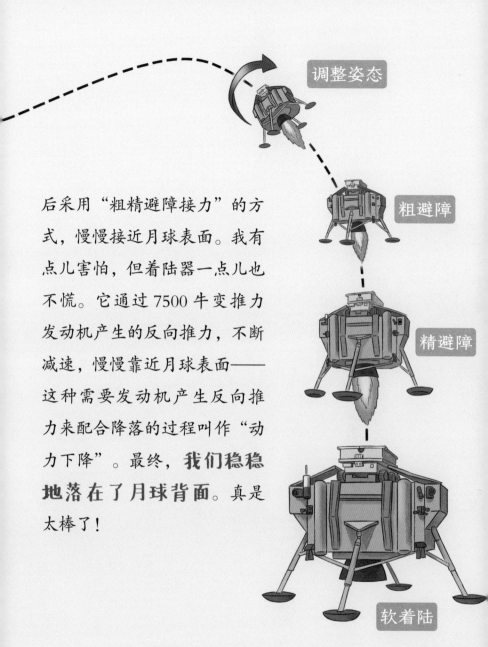

调整姿态

粗避障

精避障

软着陆

后采用"粗精避障接力"的方式，慢慢接近月球表面。我有点儿害怕，但着陆器一点儿也不慌。它通过7500牛变推力发动机产生的反向推力，不断减速，慢慢靠近月球表面——这种需要发动机产生反向推力来配合降落的过程叫作"动力下降"。最终，**我们稳稳地落在了月球背面**。真是太棒了！

我们着陆在冯·卡门撞击坑。它位于月球背面的一个大型撞击盆地——南极－艾特肯盆地内部。这是月球上最大、最深、最古老的盆地，以盆地边缘两头的月球南极和艾特肯撞击坑联合

命名。约 40 亿年前，一颗小行星或彗星撞击在盆地内，形成了冯·卡门撞击坑。后来，月球内部的岩浆从这里涌出、流过、凝固。正是这些熔岩让我们脚下的这片土地成为月球背面少有的较为平坦的地方。

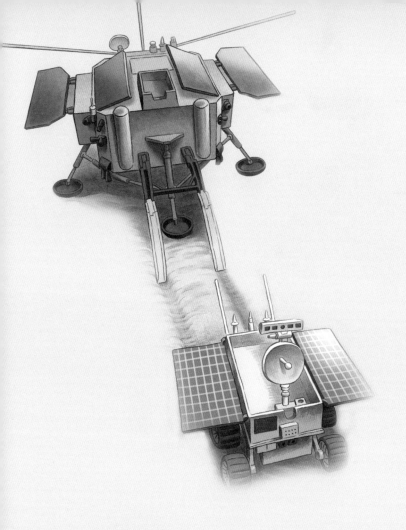

　　到了这里，我也要和亲爱的着陆器分别了。
着陆器矗立于月面，太阳翼呈展开状态。我站在
着陆器顶部，展开太阳翼，伸出桅杆，随后开始
向转移机构缓慢移动。转移机构正常解锁，在着
陆器与月面之间搭起一架斜梯，我沿着斜梯缓缓
走向月面。

我终于踏上月球表面啦！

从着陆器顶上缓缓滑下来的时候，我真的感到十分不舍！可是着陆器只能原地探测，而我则身负重任，还要去月球的其他地方探测呢。分别之前，我和着陆器互拍了"着陆纪念照"。着陆器，我会想你的！

月球上的一天很长，一个月昼加月夜大约相当于地球上的28天。我和着陆器要在月昼期间完成很多很多工作。在此期间，我们通过展开各自的太阳能板为自己供电。月球的夜晚非常寒冷，温度会降到−190℃。为了抵御严寒，保护仪器，我和着陆器会在月夜到来之前进入休眠，借助自带的"暖宝宝"来度过漫长的月夜。

同位素热源

同位素温差发电机

我的"暖宝宝"叫同位素热源，在夜晚只能保温。而着陆器带了两种"暖宝宝"，除了同位素热源，还带了同位素温差发电机，也称作"核电池"。它可以让着陆器在夜间休眠时还能做一些简单的工作，比如测量月夜土壤的温度。

除了能源，我还装备了"十八般武器"。比如，我的红外成像光谱仪能分析月表的红外线情况，探索月球可利用的物质；测月雷达可以探测巡视路线上的地形；中性原子探测仪可以"明察秋毫"，探测月表的微观粒子。

月表中子与辐射剂量探测
（与德国合作）

低频射电频谱仪

着陆器带的工具也不少：降落相机可以在降落的时候帮着陆器看清环境；地形地貌相机可以探索月球表面的地理特征；月表中子与辐射剂量探测仪能敏锐感知月表的粒子辐射和辐射剂量……真是神通广大！

　　我在月球上的生活充实又精彩，每天都在探索和发现，每天都更加了解这神秘的月背。

　　或许你会好奇我发现了什么样的奥秘，那就让我一一道来。我帮助科学家更深入地了解了月球的物质构成。科学家已经发现，月球表面主要有辉石、斜长石等矿物。然而，更内部的月幔由什么构成，科学家一直没有得到足够的线索。

通过监测月球上最大的陨石坑南极－艾特肯盆地，我惊喜地发现，月幔原来富含橄榄石！另外，我还首次揭示了月球背面着陆区域地下 40 米深度内的地质分层结构！

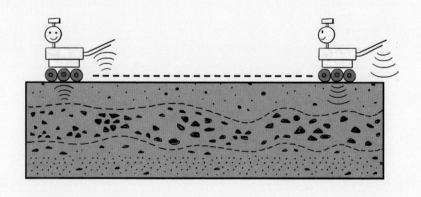

我还在月表发现了一个新鲜的撞击坑。通过光谱探测，我在残留物中发现了神秘的"天外来客"——曾经撞击月球的碳质陨石的遗迹！碳质陨石的含水量较高，这类撞击是月球表面水的主要来源之一。通过研究，月球上水源的秘密也将渐渐揭开。

最了不起的是，我还找到储量高达 2200 万
亿吨的金属矿藏；包含铁、镍、铜、铝等多种元
素。它们主要来自历史上的陨石撞击。如果这些
金属矿藏能被人类利用，可以满足好几代人的需
求！这都证实了月球是一个巨大的宝库。

　　月球上的一天很漫长，我可不能一直工作，那样太消耗体力了。月球的正午非常炎热，温度超过了 100℃，这时我会择机进入"午休"模式以保护自己，只保留部分系统运转。而着陆器热控能力强，即使在月球的午间，它装载的地形地貌相机等仪器仍可以继续开展相应的科学探测。

　　短暂的"午休"后，我还要继续忙碌。当月夜来临的时候，我会自动进入"梦乡"，开启休眠模式；当月昼到来，我又会被光照自动唤醒，以此为周期循环往复。从着陆算起，不知不觉已经过去了五个年头，至今我仍在兴奋地探索月球的奥秘！

在探月之路上，我并不是孤单一人。早在我之前，大姐姐嫦娥一号就已经进行了绕月探测；嫦娥二号为嫦娥三号落月预选着陆点拍摄了高清照片，并与更遥远的图塔蒂斯小行星成功交会；嫦娥三号成功在月球软着陆……一代代探测器前赴后继，探索着科学的边界。

我的姐妹嫦娥五号挑战的是另一项艰巨的任务：在月球表面采集月壤，并送回地球。她从吕

姆克山带回的月壤，比过去人类获取的所有月壤都更年轻，这是人类首次获得月表年轻火山岩区样本。也别忘了我的小妹妹嫦娥六号。她在"鹊桥"二号中继通信卫星的协助下，来到月球背面和姐姐嫦娥四号团聚，在成功完成人类首次月球背面取样后，顺利返回了地球。

　　在我们驰骋月球的身后，少不了科学家和工程师日日夜夜付出的努力。他们一直在为我们出谋划策，为我们细心规划线路，帮助我们小心避开各种危险的地形。正是因为他们的保驾护航，我们才能探索一个又一个关于月球的奥秘。作为人类的使者，我还会继续探测月球背面这片神秘的土地！

　　除了月球，地球还有很多性格各异的邻居，比如红色的火星！让我的另一个小伙伴祝融号来讲讲它精彩的故事吧！

你好！火星

3

大家好呀！我叫祝融号，是一辆有 6 个轮子的**火星车**。我是中国首颗自主发射的火星探测器——天问一号的一员。天问一号的成员，除了我还有两个小伙伴，分别是环绕器和着陆平台。

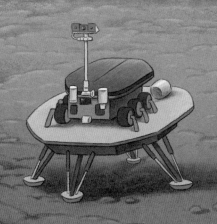

　　环绕器，正如它的名字，不会着陆，而是围着火星转，远远地陪伴着我。着陆器则像护罩一样，保护着我一同降落，可以说是我的好卫士和"头等舱"。

　　我要去的火星，寒冷干燥，风沙漫天，寸草不生。这里白天的天空是黄色的，夕阳是蓝色的。火星的土地是红色的，红色源自岩石和土壤里的多种铁氧化物，也就是俗称的"铁锈"。

火星与地球相邻，是距离太阳第四近的行星，大约每两个地球年绕太阳一周。这颗直径只有地球一半的红色星球可能是太阳系里和地球最像的行星了。和地球一样，火星上也有大气层，但很稀薄，也有着四季的变化与终年寒冷的南北极。

火星自转轴

约25°

太阳

火星绕太阳的公转轨道

火星轨道面的

去过火星的探测器前辈们告诉我，如今看起来贫瘠干燥的火星，几十亿年前很可能完全不同！火星可能曾经温暖而湿润，有过河流、湖泊，甚至可能有过海洋。在火星的表面和地下，科学家们已经发现了水冰和可能存在的地下湖。**火星曾经孕育过生命吗**？现在的火星上还能找到生命的痕迹吗？这是众多火星探测器最想解开的谜题。

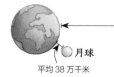

火星

5500 万千米 ~ 4 亿千米

月球

平均 38 万千米

　　即使在地球离火星最近的时候，地火距离也是地月距离的 150 倍左右。相比于前往月球的嫦娥系列探测器，天问一号要更重，加起来约有 5 吨重。目的地太远，自身又太重，我们必须搭乘长征五号这样强大的火箭才能出发。它是我国目前运力最强、个头最大的运载火箭！

天问一号

火星车

着陆平台

环绕器

嫦娥四号

月球车

着陆器

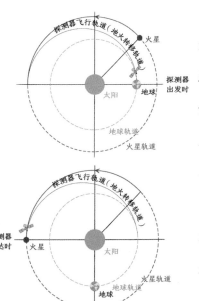

探测器飞行轨道（地火转移轨道）

火星

太阳

探测器出发时

地球

地球轨道

火星轨道

探测器飞行轨道（地火转移轨道）

探测器到达时

火星

太阳

火星轨道

地球轨道

地球

如果没有选对出发时机和飞行路线，探测器就会在路上消耗大量珍贵的燃料。好在科学家们早就找到了最省燃料的方法：把火星探测器发射到一条环绕太阳的椭圆轨道上，让探测器和同样绕着太阳公转的火星相遇，这条轨道就叫地火转移轨道。

这样，探测器只需在中途点火修正轨道时消耗少量燃料，就能抵达火星了。

知识锦囊

遥远的距离和星际旅行的困难阻碍了人类登陆火星。火星的重力只有地球的 38%，大气压力也只有地球的 1%。生活在火星上，人类可能会发生肌肉骨骼退化的情况，也会面临缺少氧气的挑战。火星上还有着极端的低温、太阳辐射和沙尘暴等恶劣条件。

再不刹车就要和火星擦肩而过啦！

经过大约 6 个半月的飞行，我终于快要抵达火星啦！开心！激动！紧张！我还没回过神来，环绕器就已经稳稳踩了一脚"刹车"，带着我一起进入了环火星轨道。在这里，我和着陆平台就要与环绕器分离了。马上，我就要迎来最危险、最紧张的时刻——**着陆火星**。

火星的大气可以帮助我们缓冲减速，但在高速穿过大气层时，灼热的高温可能导致我们被烧坏。为此，我们必须依靠气动外罩作为"铠甲"来护身。我们要从 20 000 千米的时速"急刹车"，还要小心选择切入火星大气层的角度，既要防止角度过大导致过热烧毁，也要防止角度过小导致进入大气层失败。地球和火星距离遥远，信息会有延迟，而且降落时摩擦产生的高温也会屏蔽信号，因此我只能自主控制，无法遥控求援。真是难上加难！

听说，火星有个外号叫作"探测器坟场"。进入火星大气层的探测器，只有大约三分之二成功着陆，其他都坠毁了。

哎呀，我已经紧张得喘不过气来了！

近火制动
探测器通过发动机点火减速，被火星引力捕获。

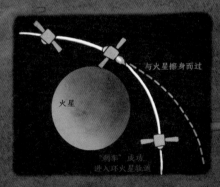

天问一号从地球到火星的飞行轨道

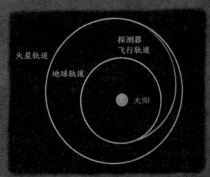

天问一号进入环火星轨道

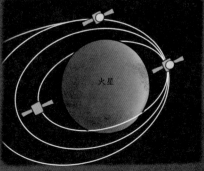

我和着陆平台花了大约 9 分钟，先是分别通过气动、降落伞和动力进行减速，接着悬停避障，最后缓冲着陆。

　　成功了！

　　我都有点儿不敢相信！着陆平台真是太棒了，特别稳！直到这时候，我才有心思好好看看我着陆的这片土地——位于火星北半球的乌托邦平原。

　　这里……真是太美了！有机会你一定要亲自来看看！

着陆平台无法移动，它会永远停留在原地。而我，就要和着陆平台分别了。日后的时光里，我就要在火星上独自探险了。但不管距离多远，我们的心都连在一起！

　　我认真地告别：再见！记得想我！

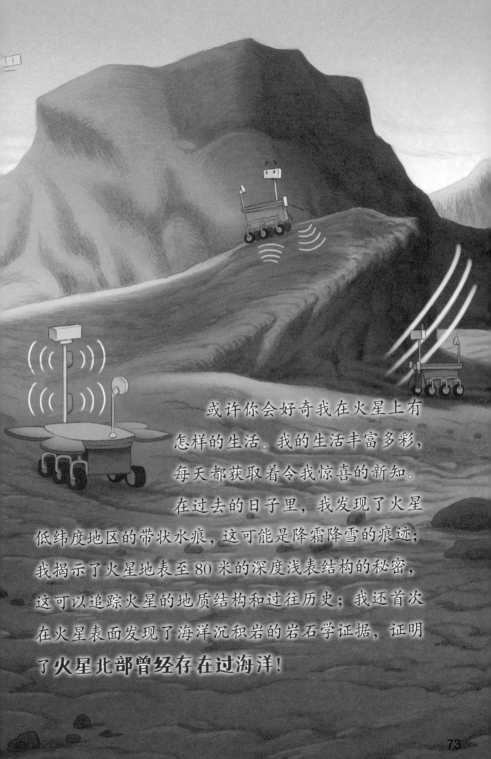

或许你会好奇我在火星上有
怎样的生活。我的生活丰富多彩,
每天都获取着令我惊喜的新知。

在过去的日子里,我发现了火星
低纬度地区的带状水痕,这可能是降霜降雪的痕迹;
我揭示了火星地表至 80 米的深度浅表结构的秘密,
这可以追踪火星的地质结构和过往历史;我还首次
在火星表面发现了海洋沉积岩的岩石学证据,证明
了**火星北部曾经存在过海洋!**

　　也许你会担心，我能否应对严酷环境的考验。别担心，我的身上可有着满满的科技含量。先看看太阳能板：我有4块电池板，比美国的勇气号和机遇号还多1块。4块电池板呈灵便的蝴蝶形，让我不仅能自如地"翻山越岭"，还能获得充沛的能源。这些太阳能板的表面还有微结构膜，就像水滴在荷叶上就会滑落，沙尘在太阳能板表面也更容易被吹落。

　　另外，应对严酷的昼夜温差，我也有好办法。我身上有两个圆形薄膜，叫作集热窗，里面是相变保温材料，帮我储存热量后再释放出来，它们像高科技暖宝宝。另外，我还装备着气凝胶隔热材料，既轻薄又保温，像一件贴身好用的羽绒服。

　　通过科技创新，火星的复杂地形我也能迅速适应。我是人类第一辆主动悬架火星车，可以把底盘抬高，锁定前中后六个轮子，陷在沙子里时可以像虫子那样巧妙地蠕动出来，自行脱困。

　　对了，忘了告诉你，我在红色的火星上可一
点儿也不孤单。这里还有许多来自地球上其他国
家的火星探测器。它们有的在天上翱翔，有的在
地上行进，和我一样每天都在辛勤地工作着，共
同探索着火星这片神秘的土地。

　　中国已经是世界第三个登陆火星的国家，未来还将有更激动人心的探火计划等待中国人一一付诸实现。

　　第一步是机器人火星探测，通过采样、地理考察等，更深入地了解火星的自然条件；第二步是载人探测，把人类的足迹留在火星上，并建设火星基地；最后是航班化探测，建立地球-火星经济圈。你是否也期待着这样的未来？

我相信，在不远的将来，这些理想都将会变成现实。会有更多的地球使者来到宇宙，探访宇宙中不同的行星。人类也会亲自踏上这一片片迷人的星际土地。让我一起加油吧！